新编
室内装修大图鉴 II
NEW INTERIOR DECORATION ILLUSRATIONS II

海峡出版发行集团 | 福建科学技术出版社
THE STRAITS PUBLISHING & DISTRIBUTING GROUP | FUJIAN SCIENCE & TECHNOLOGY PUBLISHING HOUSE

图书在版编目（CIP）数据

新编室内装修大图鉴 . 2/《新编室内装修大图鉴》
编写组编 . —福州：福建科学技术出版社，2012.6
　ISBN 978-7-5335-4081-4

　Ⅰ . ①新… Ⅱ . ①新… Ⅲ . ①室内装修 – 建筑设计 –
图集　Ⅳ . ① TU767–64

中国版本图书馆 CIP 数据核字（2012）第 066303 号

书　　名	**新编室内装修大图鉴 II**
编　　者	《新编室内装修大图鉴》编写组
出版发行	海峡出版发行集团
	福建科学技术出版社
社　　址	福州市东水路 76 号（邮编 350001）
网　　址	www.fjstp.com
经　　销	福建新华发行（集团）有限责任公司
印　　刷	福州德安彩色印刷有限公司
开　　本	889 毫米 ×1194 毫米　1/16
印　　张	10
图　　文	160 码
版　　次	2012 年 6 月第 1 版
印　　次	2012 年 6 月第 1 次印刷
书　　号	ISBN 978-7-5335-4081-4
定　　价	35.00 元

书中如有印装质量问题，可直接向本社调换

写在前面的话

要想搞好家居装修，在施工之前必须有一个良好的设计构思，这就像画家作画必须"意在笔先"一样。若没有清晰的意图，家居装修就难以获得良好的效果，甚至还会花去不少冤枉钱。

客厅是居住者居家活动之中使用最频繁的区域，具有会客、娱乐、团聚等功能，体现了整个家的装修风格与取向，因而广大业主都十分注重客厅的装修。为了帮助广大读者打造温馨舒适的家居，我们特地征集了多家优秀设计公司近期的客厅设计作品效果图，精选其中优秀的方案，按照不同的装修风格编辑成本系列丛书，为大家诠释最丰富的客厅设计。本系列丛书案例丰富，风格多样，作品内容紧跟现代家居装修的流行趋势，不仅有线条简约的现代风格、成熟稳重的典雅风格、恬静休闲的田园风格，还有个性浓烈的混搭风格。图片内容则以最新的效果图表现手法逼真地展示出不同类型客厅的3D设计效果，并着重介绍客厅细节部位的主要材料，以帮助广大读者根据不同的需求和客观条件，选择适合自己的客厅设计方案，打造出理想的家居环境。

我们真诚地希望，本丛书能为广大追求理想家居的人们，特别是正准备装修家居的人们提供有益的借鉴，同时，也能为从事室内设计的人员和有关院校的师生提供参考。

CONTENTS

壁纸 　　　　　　　　　　　　　　　　铝塑板　玻化砖 　　　　　　　　　　　灰色玻璃

印花茶色玻璃 　　　　　玻璃砖 　　　　　　　　　　水晶珠帘　茶色玻璃　仿古砖

玻化砖

银镜　　　　　　　　　　　　　　　　　　　　　　艺术壁纸

壁纸　　　　　　　　　　皮革软包

银镜　　　　　　　　　　　　　米黄大理石

玻化砖　　　　黑色玻璃

米色洞石　　　　　　　　　　　壁纸

茶色玻璃　　　　　玻化砖　　　　　　　壁纸

米黄色洞石　　　　　　　　　　　银镜　　银镜

黑色玻璃　　　　　　　　　　　　　　　壁纸

铝塑板

仿古砖　　　　　　　　　　　　米色大理石

壁纸　　　　　　　　　　　　　　　　　　　玫瑰木饰面板

文化石

仿古砖

壁纸　　　　　　　　　冰裂玻璃　马赛克　　　　　　　　　壁纸

玫瑰木饰面板　　　　　　　　　　　　　银镜

银镜　　　　　　　　　　　　　　　　PVC板

银镜　　大理石　　　　　　　　　　壁纸　　印花玻璃　　　　　　　　青色玻璃

印花玻璃　　　　　　　　　　　　　仿古砖　　　　茶色玻璃

沙比利饰面板　　壁纸

柚木金刚板　　壁纸

壁纸　　柚木金刚板

柚木金刚板　　仿古砖

印花玻璃　　皮纹砖

银镜

PVC板   壁纸

仿古砖   柚木金刚板

水曲柳金刚板   仿古砖

玻化砖   壁纸

壁纸   仿古砖

壁纸　　　　　马赛克　　　　　　　　　　　　仿古砖　　　PVC板

玫瑰木饰面板　　　　　　　　　　　马赛克　　　壁纸　　　　　马赛克

仿古砖

水曲柳饰面板

玫瑰木饰面板　　　　　　大理石　　　　银镜　　　　　　　　壁纸　　　皮纹砖

玻化砖　　壁纸　　　石膏板

皮纹砖　　　　　　　　壁纸　　　印花茶色玻璃　　　　　　　　壁纸

PVC板　　　　　　　　柚木金刚板　　　　　　　　壁纸　　　　　　　　茶色玻璃

银镜　　壁纸

茶色玻璃　　　　　　皮革软包　　印花茶色玻璃　　　　　　　　　　米黄大理石

大花白大理石　　　　　　　　　　壁纸　　　　　　　　　　　　水曲柳饰面板

茶色玻璃　　　　　　　　　壁纸　　　　　　　壁纸　　　　　　　　夹丝玻璃

印花茶色玻璃　　　　　　　　　　　　　　　　　仿古砖

壁纸　　　　　　　仿古砖　　　茶色玻璃　　　　　柚木金刚板　　　　印花玻璃

茶色玻璃　　　　　　　　PVC板　　　　　　银镜

皮纹砖

壁纸　　皮革软包

印花茶色玻璃　　　　　　　　　　　　　　　　皮纹砖

皮革软包　　茶色玻璃

茶色玻璃

仿古砖　　　　　　　　　　　印花茶色玻璃

茶色玻璃　　　　沙比利饰面板

水泥漆肌理

仿古砖　　　水晶珠帘

玫瑰木金刚板　　　　大花白大理石

壁纸　　　茶色玻璃　　　　紫罗红大理石

印花茶色玻璃   壁纸

壁纸   PVC板

皮纹砖   壁纸   泰柚木金刚板   茶色玻璃

茶色玻璃　　　　　　　　　　壁纸　　　　　　　　仿古砖

皮纹砖　　　　　　　　　　壁纸　　　　　　　茶色玻璃　　　　　　　橡木饰面板

啡网纹大理石　　　　　　壁纸　　　　　　　　　　　　　　　　　　仿古砖

洞石　　　　　白桦木金刚板　　　　　　　　　　　　　洞石　　　　　　　　茶色玻璃

紫罗红大理石　　　　　斑马木饰面板

茶色玻璃　　　　　　　壁纸

PVC板　　　　　　　　印花茶色玻璃　　　皮纹砖

PVC板　　　　　　　　　　　水晶珠帘　　　　玻化砖　　　　　　壁纸　　　　　　壁纸

壁纸　　　　印花茶色玻璃

白桦木金刚板　　　皮纹砖　　　　　　　　　　　　　　紫罗红大理石

仿古砖　　　　　　　　　　　壁纸　　　　　　　　　　印花茶色玻璃

皮革软包　　玫瑰木金刚板　　　　灰色玻璃　　　　　　　　　　紫罗兰大理石

雕花仿古砖　　　　　　　艺术壁纸　　　米色大理石　　　　　　　石膏板

低碳主张

23

茶色玻璃　　　　　　　　　　　　　　　壁纸

壁纸　　　　　　　　　　　　　　　　PVC板

壁纸

实木栏杆　　　灰色玻璃

壁纸　　　　　　　　　　　　　　　实木花格

仿古砖　　　红橡木金刚板　　　　　　　　　　　仿古砖　　　　　　　　　　　　壁纸

洞石　　　　　　　　　　　壁纸　　　　　　　壁纸　　　　　　　　　　　米色洞石

茶色玻璃　　　　壁纸　　紫罗红大理石

茶色玻璃　　　　　白橡木金刚板　　　　　大花白大理石

皮纹砖

茶色玻璃　　　紫罗兰大理石　　　实木花格

茶色玻璃　　　　　　　米色大理石

雕花透光板　　　　　　　大花白大理石

浮雕大理石　　米黄色大理石　　　　　　马赛克　　　　啡网纹大理石　　　　　　　玫瑰木饰面板

银镜　　　　　　　　　　　　　　　　　　爵士白大理石　　　　　　　　茶色玻璃

银镜饰边条　　　皮革软包　　　　　　　　　　　　　　　　　　　　　壁纸

米色大理石　　　　　　　　　壁纸　　　　　　米色大理石　　　　　　茶色玻璃　　　　　水晶珠帘

啡网纹大理石　　夹丝玻璃　　　　银镜　　文化石　　　　　　　　　皮革软包

啡网纹大理石　　　　壁纸

米色大理石　实木花格

马赛克　　　　　　　　　茶色玻璃

壁纸　　　　　　　　　皮革软包　印花茶色玻璃　壁纸　　　　　　　　　印花玻璃

米色大理石　文化石　　　　　　　　　　　　　　　　水晶珠帘　　　　皮纹砖

石膏板　　　　　银镜　　　米色大理石　实木花格　　　　　　　石膏板　　　　玻化砖　　　仿古砖

大花白大理石　　　　　　　　　　　黑镜　　　　　　米色大理石　　　　　　　　　浮雕大理石

大花白大理石　　　　　　　　　　　　　　　　　　　印花银镜

壁纸　　　　　　　　　　印花茶色玻璃

米色大理石　　　　　　　　　　茶色玻璃

皮纹砖　　　　　　　　　　仿古砖

银镜　　　　大花白大理石

红檀木饰面板　　　　　　　　　　实木花格

壁纸　　　　　　　　　　　　　　　　　　　实木雕花栏杆

仿古砖　　　壁纸　茶色玻璃　　　　　实木花格

玫瑰木饰面板　　　　　　　　　　大花白大理石

大理石　　　　　　　　　　　　玻化砖　玫瑰木饰面板　　　　　　　　　　　银镜

米黄大理石　　　　　　　　　　仿古砖　　　　　　　壁纸　　　　　　　　仿古砖

印花银镜　　　　　　　壁纸　　　　　　　大理石

壁纸　　　　　　　　印花玻璃　　　　　　　皮革软包　　　　　　　绒面软包

紫罗红大理石　　　　实木花格　　　　　壁纸

印花茶色玻璃　　　　　　　　　　　　　　仿古砖

米色大理石

茶色玻璃　　　　　　　　　　　　　　　　米色大理石

银镜　米黄大理石　　　　　壁纸　　　　　　实木花格　　　　　　砂岩

洞石　　　　　　　　　　　银镜　　　石膏线条　　　啡网纹大理石

皮革软包　　　　　　　　　　　　　　　　　大理石

大理石　　　　　　　石膏板　　　　　　　　　　　　　　　　　壁纸

米色大理石　　　　　　　　　　　　　　　　银镜

艺术贴纸　　　　　　　　　　　　壁纸

玫瑰木饰面板　　　　　　　　　　　　大理石

仿古砖　　　　　　　软包

银镜　仿古砖　　　　　　　　　文化石　　　　　　　　　仿古砖　　皮纹砖

壁纸　　　　　实木花格

仿古砖　　　艺术贴纸

红檀木饰面板   壁纸

白橡木金刚板   大花白大理石

PVC板   柚木金刚板

PVC板   印花茶色玻璃

石膏板   米黄大理石   壁纸

茶色玻璃　　　　　　　　　米色大理石

仿古砖　　　　银镜饰边条

银镜　　　　　　　　　　　银镜饰边条

壁纸　　　　　　　　　　　米色大理石

米色大理石　　玻化砖

实木花格

红檀木

玻化砖

波纹板

大理石

大花白大理石

壁纸 银镜

水曲柳饰面板

印花茶色玻璃

壁纸

米色大理石　　银镜

壁纸　　　　　　　皮纹砖

实木花格　　仿古砖

壁纸　　　　　　　　　　　米黄大理石

洞石　　　　　　　　仿古砖　　　　　　　　　　实木花格

壁纸　　　　　　　　　　　实木花格　　　茶色玻璃

泰柚木金刚板　　红檀木饰面板

壁纸

米色大理石　　　　　　　　茶色玻璃

壁纸　　　　　　　　　　玻化砖

艺术贴纸　　　　　　　　　　　　　马赛克　　　　　　　　玻化砖　　　　　　　　　　仿古砖

壁纸　　　　　玻化砖　　　米色大理石

茶色玻璃　　　　　　　　　　　　　　　　　　　　泰柚木金刚板

皮纹砖　实木花格

壁纸　　仿古砖　　　　　　　　　马赛克

啡网纹大理石　　　　　印花茶色玻璃　　壁纸

实木花格　　壁纸

爵士白大理石

大理石

米色大理石   壁纸

米色大理石   线帘

白色栅木   黑镜

黑胡桃木饰面板   印花玻璃

白橡木金刚板   茶色玻璃

印花玻璃　　　　　　　　　大理石　　　夹丝透光板　　　　　　　　　　　　　PVC板　　浮雕大理石

茶色玻璃　　大理石　　　　大花白大理石　　　　　　　　　　壁纸

茶色玻璃　　　　　　　　树纹茶色玻璃　　　　　　皮革软包

实木花格　　　　　壁纸　　　　　　　　　　　　　　　　　　　　　　　玻化砖

花纹茶色玻璃　　　柚木金刚板　　　　　云石大理石　　　仿古砖　　　　　　　　　　　绒面软包

大理石　　　　　　米色大理石　　　　　　　　　　壁纸

壁纸　　　水晶珠帘　　　　　　　PVC板　　　　　　　　壁纸

银镜　　　　　　　　　壁纸　　　洞石

玻化砖　水晶珠帘　　黑镜

壁纸　　　　　　　　　　　　　　　印花茶色玻璃

文化石　　　白橡木金刚板　　　　杉木板

印花茶色玻璃　　　　　　　　　　水曲柳饰面板

玻化砖　　　　　壁纸

实木花格

银镜　　　　　壁纸　　　　　仿古砖　　　　　壁纸　　　　　　米色大理石

壁纸

米色大理石　　　　　　玻化砖　　　　　壁纸　　　　　红檀木饰面板

灰镜　　　　　　　　　　　壁纸

玻化砖　　　　　　　　　　柚木PVC板

壁纸　　　　　　　　　　　银镜

壁纸

皮纹砖　　　　　　　　　　壁纸

壁纸　　　红檀木饰面板

米色大理石　　　　　　　　　　　　　艺术贴纸　　　　　　　　　　　　　　PVC板

仿古砖　　　　　　　　　　　　　　　石膏板　　　　　　　　　　　　　　　PVC板

造型石膏板　　　　　　　　　　　　树纹玻璃　　　　　　　　　　　　　玻化砖

珠帘　　　　　仿古砖　　　　　泰柚木金刚板

马赛克　　　　　　　　　　　壁纸

钢化玻璃　　　　　　　大花白大理石

壁纸　　　　　　　　　皮纹砖

壁纸　　　　　红樱桃木金刚板

玻化砖　　　仿古砖

造型石膏板　茶色玻璃

烤漆玻璃　　橡木金刚板

壁纸　　　造型石膏板

皮革软包

壁纸　灰镜

白橡木金刚板 · · · · · · · · · · · · · · · 壁纸

壁纸 · · · · · · · · · · · · · · 实木花格 水曲柳PVC板

PVC板 · · · · · · · · · · · · 大理石 红檀木饰面板 · · · · · · · · · · · · 马赛克

石膏板　　　　　灰色喷砂　　　　　　　实木花格　　　　银镜

印花银镜　　　　　仿古砖

文化石　　　　　石膏造型柱　　　　　　实木花格　　　　仿古砖

实木花格　　　　　　　　　　　仿古砖

实木花格　　　　　仿古砖　　大花白大理石

壁纸　　　　　　　　　　紫罗红大理石

造型石膏板　　　　　　　　壁纸

57

大理石　　　茶色玻璃　　　　　　印花灰镜　　　　　　　　　茶色玻璃

仿古砖　　　　　　　　　　艺术贴纸

茶色玻璃　　　　木线条　　　壁纸

泰柚木金刚板　　　　　　　　水晶珠帘

实木栅格

壁纸　　　　　　　　　　　鹅卵石　　壁纸

泰柚木金刚板

PVC板　　　　　　柚木金刚板

壁纸　　　　　　　　　　　　　　　实木花格

橡木饰面板　　　　　　　　银镜

壁纸　　　　　　　　　　　　　印花茶色玻璃

红檀木饰面板　　　　泰柚木金刚板　　　　壁纸　　　　　　　　　啡网纹大理石

壁纸 亚麻块毯

银镜 米色大理石

壁纸 实木花格 洞石

米色大理石 实木花格

玻化砖

红檀木金刚板　　　　　　壁纸

壁纸　　　　　　　　　　红檀木金刚板　　红檀木饰面板

绒面软包　　有色面漆　　　　　　　　　　壁纸

印花茶色玻璃　　　　　　　　　　壁纸

冰裂玻璃　　　　玻化砖

壁纸　　　　　印花玻璃

羊毛块毯　　　　　　　　　　皮纹砖

马赛克　　　　　　　　　　　　　　壁纸

黑镜　　　　　　　　　　　　　大花白大理石

壁纸　　　　　　　　　　　　　　米黄大理石

石膏板　　　　　　　　　　壁纸　　不锈钢饰边条

壁纸　　　　　　　　　　　　　　泰柚木金刚板

实木花格　　　　　　　仿古砖　　壁纸

黑镜

PVC板　　　　　　　　　　　壁纸　　　实木栅格板　　　　　　　石膏板

艺术贴纸　　　　　　　　PVC板

米色大理石　　实木花格

米色大理石　　　　　　　　　　　　　　　　　　仿古砖　　　　　　　　　壁纸

皮纹砖　　　　　　　　　　　　米色大理石　　银镜　　　红樱桃木金刚板

壁纸　　　实木栅格　　　　　　　　壁纸　　　　　　　　米色大理石

壁纸　　　　　　　　　　　　　壁纸　　　印花玻璃

仿古砖　　　　　　　　　　　　钢化玻璃　　　　　　　实木栅格板

大花白大理石　　　　　　　　　　　　　　　　　　　　皮革软包

洞石   壁纸

大花白大理石   壁纸   实木花格

PVC板   玻化砖   壁纸

仿古砖　　　杉木板

壁纸　　　银镜

黑镜　　　壁纸

红檀木饰面板　　　实木花格

黑镜　　　米色洞石　印花玻璃

仿古砖　　　　　　　　　　水晶珠帘　　　　　　壁纸

实木花格　　　　　　　　仿古砖

壁纸

银镜　爵士白大理石

仿古砖　　　　实木花格　　　　　皮纹砖　　　　仿古砖

金属线帘　　　　　　　　　　　　印花玻璃　　　　　　　　　　　　烤漆面板

水曲柳饰面板　　　印花玻璃　　　　皮纹砖

大花白大理石　　　　　　　　　　　有色玻璃　壁纸　　　　　　　　　　　壁纸　　　洞石

PVC板　　　　　　　　　　　米色大理石　　　　壁纸　　　　　茶色玻璃　　PVC板

壁纸

黑胡桃木饰面板

PVC板 　　　大花白大理石

线帘 　　　浮雕大理石

文化石 　　　仿古砖

印花玻璃 　　　玻化砖

皮纹砖　　爵士白大理石　　　　灰镜

洞石　　　印花玻璃　　　　　　　　线帘

黑檀木饰面板　　　　　　实木花格

杉木板　　　　　　　仿古砖　　　　　　洞石

壁纸　　　　　　　　　　黑镜

铁艺　白橡木饰面板

米色大理石　　仿古砖　　　　　　　　　　印花茶色玻璃

壁纸　　　　　　　　　　线帘　　　　　　　　　　　　　　　　浅啡网纹大理石　爵士白大理石

壁纸　　　　　　　　　　柚木金刚板

壁纸　银镜　　　　　　　　　　壁纸　　　　　　　　不锈钢饰边条

仿古砖　　　　壁纸

仿古砖　磨砂银镜

实木花格　　　　　皮革软包

PVC板　　　　　　　壁纸

壁纸　　　　　　　　　　　　　　皮纹砖

壁纸 　　　　　　　　　　　　灰镜 　　　　印花玻璃 　　　　　　　　　　　　线帘

杉木板 　　　　　PVC板 　　壁纸 　　　　　　　　　　　　不锈钢饰边条

斑马木实木线条 　　大花白大理石

仿古砖　　　　　　　　　　　　　　　　　　茶色玻璃　　　壁纸

玻化砖　　　　壁纸

壁纸　　银镜　　　　　　　　　　艺术贴纸

米色大理石　　黑镜

印花玻璃

文化石　　　　　大理石罗马柱　　　　　黑胡桃木实木线条

线帘　　　　仿古砖

印花玻璃　　柚木金刚板　　　欧式实木线条　　　　大理石浮雕

线帘　　仿古砖

壁纸　　　　　　　　　　　红砖

仿古砖　　玻化砖

壁纸　　　　　　　　　　仿古砖

有色面漆　　　　　　　　　　　　水曲柳金刚板

实木花格　人造洞石　　　　　　　　仿古砖

亚麻壁纸　　　　　　　仿古砖　　PVC板

不锈钢饰边条　　　　　　　　　印花玻璃

玻化砖

爵士白大理石

PVC板　　　　　　　壁纸

壁纸　　　　　　　　　仿古砖　　　　　艺术贴纸

皮纹砖

有色面漆　　玻化砖　　　　　　　　　　　　　　　　仿古砖

大花白大理石　　柚木金刚板　　　　　　　　　　　　　　　　　壁纸

壁纸　斑马木饰面板　　　　玻化砖

仿古砖

欧式木线条　　　　　壁纸　　　　　　　　实木花格

壁纸

壁纸　　　　　　　　　　　　有色面漆

米色大理石　　黑镜　　　黑胡桃木屏风

短绒块毯　　　　　　　　壁纸　大花白大理石　　　　　　　　壁纸

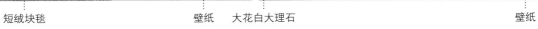

大理石　　　　　仿古砖

壁纸　　　　　　　　　　　　　有色面漆

实木花格　　　仿古砖　　　　　　　铁艺栏杆

壁纸　　　仿古砖　　　　　　　　实木花格

大理石　　石膏板

壁纸　　　　　　　　　　　　　　　石膏板

印花玻璃　　　　　　　　　　水曲柳金刚板

印花玻璃　　　　　　有色面漆　　　　　　　　皮纹砖

大理石　　　仿古砖　　　　PVC板　　　　　　壁纸

仿古砖　　　　　　　　　　红樱桃木金刚板　　　　　　　　米色大理石

米色大理石　　　　　　　PVC板　　　　　　　　　壁纸

玻化砖　　　　　　蓝色玻璃　　　　　　　　镜面马赛克　　　　　　印花玻璃

壁纸　仿古砖　　　　　　　　　　　皮革软包　　　　　　　　　米色大理石

壁纸　　　　　　　　　　　PVC板

壁纸　　　红橡木金刚板

洞石　　仿古砖　　　　　　　　　实木线条　　仿古砖

地毯　　　　　　　白橡木金刚板　　　　仿古砖　白橡木饰面板

柚木金刚板　　　　　　　　　　　爵士白大理石

啡网纹大理石　　　实木栏杆　　仿古砖

文化石　　　　仿古砖

大花白大理石　　　　　　壁纸

壁纸　　　　　　　　　茶色玻璃

壁纸　　　　仿古砖

釉面砖　　　　橡木金刚板　　　　　　　壁纸　　　黑胡桃木实木线条　　　　　　仿古砖

壁纸　　　　　　　　　　　　　　　　　　　竹木复合板　　　PVC板

仿古砖　　　　　　壁纸　　　实木线条　　　　　PVC板　　　　实木花格

米色大理石　　　　　　　　　壁纸　　　PVC板　　　　实木花格

大理石　　　　　　　　　　　壁纸　　　印花茶色玻璃

壁纸　　　　　　　　　　　　　　　　仿古砖

柚木金刚板   黑镜

线帘   玻化砖   浅啡网纹大理石

PVC板   黑镜   壁纸

银镜   夹丝玻璃

白檀木饰面板   实木花格

米色大理石   黑镜

黑镜　　　　　马赛克　　　　不锈钢扶手　　　　石膏板

有色面漆

柚木金刚板

釉面砖　　　　黑镜

钢化玻璃

米黄色洞石   仿古砖   实木花格

壁纸

仿古砖   实木花格   仿古砖

实木花格   仿古砖

大花白大理石

壁纸　　　　竹木复合板　　　　　　　PVC板　　　　　　　柚木金刚板

沙比利饰面板　黑镜　　　米色大理石　　　　　　壁纸

啡网纹大理石　　　　仿古砖　　　　　壁纸

壁纸　　　　　　　　黑镜

壁纸　　　　　　仿古砖

印花玻璃

实木花格　　　拼花大理石

壁纸　　　　　　　灰镜

马赛克   壁纸

壁纸   PVC板

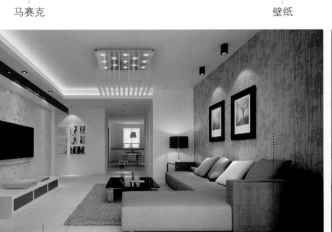

仿古砖   壁纸

斑马木饰面板   米色大理石

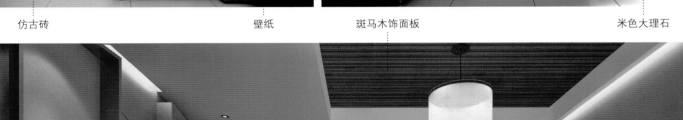

PVC板

PVC板　　　　砂岩　　　　泰柚木金刚板

浅啡网纹大理石

PVC板　　　　　　　　壁纸　　　　印花玻璃

皮革软包　　　　　　　杉木拼板　　石膏板　　　　　　银镜

仿古砖　　　　　　　PVC板　　　　　　　黑镜

米色大理石　　茶色玻璃　　　　白橡木饰面板　　　　　　米色大理石

壁纸 　　　　　　　　米色大理石 　　杉木板 　　　壁纸 　　　　　壁纸

壁纸 　　　　　　　大花白大理石 　　灰镜

杉木板 　　　　　印花黑镜 　　　　亚麻壁纸 　　　　实木花格

黑镜　　　　　　红樱桃木饰面板　　　　　　玻化砖

短绒地毯　　　　　皮革软包　　　　　仿古砖　　　　　　黑镜

壁纸　　　　　　　　　红樱桃木实木线条　　　茶色玻璃

玻化砖　　　　　　　　壁纸　　　　　　　　　　　　PVC板　　　　　黑镜

钢化玻璃　　欧式石膏线条

大理石浮雕　　　　　玻化砖　　　　　　　　　　壁纸

洞石   壁纸

石膏柱 壁纸

PVC板   玻化砖

仿古砖　　　实木花格　　　　　　亚麻编织壁纸

白橡木金刚板　　　　　　　　　大理石　　　　　　黑镜

实木线条　　银镜　大理石罗马柱　　　实木花格

实木花格   透光板   大花白大理石

皮革软包   红樱桃木金刚板   大花白大理石   洞石

玻化砖   壁纸

石膏板　　　　　　泰柚木饰面板　　　　　　玻化砖

仿古砖

壁纸

米色大理石　　　　　　　　　　PVC板

玻化砖　　　　　　　　壁纸

壁纸

黑镜　　白橡木金刚板

壁纸　　仿古砖　　　米色大理石

大花白大理石　　　　铁艺栏杆

米色大理石　　　　黑胡桃木实木线条

爵士白大理石　　　　　　　　PVC板

茶色玻璃　　　仿古砖

泰柚木饰面板　　　　　　　　　　　　仿古砖

红樱桃木金刚板　　　　　　　有色面漆　大花白大理石　　仿古砖　　　　　壁纸

马赛克　　　　　茶色玻璃　红樱桃木饰面板　　　　沙比利金刚板

实木花格　　　红檀木实木地板

黑镜　　　　石膏板　　　　　　　　　印花黑镜　　　水曲柳金刚板

皮革软包　　　　　　　　　　　　PVC板　　　仿古砖

水晶珠帘　　　　　　　　　　　　　　壁纸　　　印花黑镜

白橡木金刚板　　仿古砖

壁纸　　杉木板

杉木板　　水曲柳金刚板

壁纸　　艺术贴纸

绒面软包　　黑镜

仿古砖　　实木花格　　艺术贴纸

砂岩　　　　　　　　　银镜　　　　　　　　　　　　玻化砖　　黑镜

红檀木金刚板　　　　　茶色玻璃　　　　　　　PVC板

米色大理石　　　　　实木花格　　　　　　　米色大理石　　　裂纹大理石

不锈钢花格   隔音板

壁纸   仿古砖   PVC板

仿古砖   壁纸   马赛克   皮革软包

橡木饰面板　　　　　　　　　　　　PVC板

凹槽大理石　　　仿古砖　　　　　　　　　　　　实木花格

壁纸　　　　　　　　　　　实木花格

PVC板　　　　仿古砖

柚木金刚板　　　　　　　实木花格

米色大理石　　　　拼花大理石　　　　　　　　软包

杉木拼板　　　　PVC板

米色大理石

玻化砖　　　　皮纹砖

玻璃马赛克　　　橡木金刚板

杉木板　　　　　大花白大理石　　　　　仿古砖　　　　　壁纸

银镜　　壁纸

波纹板　　白橡木金刚板

实木花格

米色大理石　　仿古砖

杉木板　　　仿古砖　　　黑胡桃木实木线条　　　磨砂玻璃　　　米色大理石

壁纸　　　竹编网　　　壁纸

大花白大理石　　　水曲柳金刚板

大花白大理石　　　　　　　　　　　水曲柳饰面板

石膏板　　啡网纹大理石　　　浮雕大理石　　　　实木花格　　　　　　　　　黑色大理石

水晶珠帘　仿古砖　　　　壁纸　　　白橡木金刚板　　　　杉木板

银镜　　　　　凹槽大理石　　　　　　　实木花格

竹木复合板

PVC板　　　　白橡木金刚板

锈斑大理石　　红檀木饰面板

壁纸　　　　　　　　　　　　　仿古砖

米色大理石　　　　　黑镜　　　　壁画

铁艺栏杆　　　　　　　浮雕大理石

有色面漆

红橡木饰面板　　　　　　　泰柚木金刚板

马赛克　　　　印花银镜

PVC板　　　　　仿古砖　　　　　　　大花白大理石　　　　　　　　壁纸

米色大理石　实木花格

实木栏杆　　壁纸　　　　PVC板　　　　拼花大理石

壁纸　　PVC板

紫罗红大理石　　　　　　　仿古砖

杉木板　　　　　　水晶珠帘

砂岩　　　　　　　　　　印花黑镜

红檀木金刚板　　　　　　壁纸　　茶色玻璃

白橡木金刚板　　　　　　PVC板

壁纸　　　　　大花白大理石　　　　　　　　　　　　　仿古砖　　　　黑镜

印花玻璃　　　　壁纸

松木板　　　　白橡木金刚板

银镜　　　　　　玫瑰木金刚板

白橡木金刚板

银镜　爵士白大理石

玻化砖　　　　　　壁纸

印花玻璃　　　　水曲柳饰面板　　　印花灰镜

石膏板　　　　　仿古砖

仿古砖　　　　　　　玻化砖　　　　　　　皮纹砖

壁纸　　　　　　　　　　　　　　　银镜　　　　　　　　大花白大理石

玻化砖　　　　　　　　　　壁纸

PVC板　　　　　　　　　　白橡木金刚板

仿古砖　　　　PVC板

壁纸　　　　白橡木金刚板

米色大理石　　　壁纸

石膏板　　　　　磨砂椭圆银镜　　　　　　　　　　　　有色面漆

仿古砖　　　　　水曲柳饰面板

大花白大理石 灰镜

壁纸 玻化砖

壁纸 印花玻璃

实木栅格 黑镜

啡网纹大理石 皮革软包

白橡木金刚板　　仿古砖

大花白大理石　　浮雕石膏

米色大理石　玫瑰木饰面板

PVC板　　　　　壁纸

实木隔板　壁纸

灰镜　　　　　隔音板

黑镜　　　　　　　实木花格

壁纸

印花银镜　　　　仿古砖　　　　壁纸

泰柚木金刚板　　PVC板

灰镜　　　　　　　　　　　　　荔枝木实木地板

玻化砖　　　壁纸

玫瑰木饰面板　　　玫瑰木金刚板

壁纸　　　红樱桃木金刚板　　　实木花格

实木花格　　　银镜　　　壁纸

实木花格　　　　仿古砖　　　　壁纸

泰柚木金刚板　　　　PVC板

壁纸　　　　石膏板

皮纹砖　　　　有色面漆

橡木饰面板　　　　玻化砖

水泥砖　　　　　白桦木金刚板　　　　　　　　　　　　　　壁纸

壁纸　　　　　　橡木饰面板　　　　　　　　　玫瑰木金刚板　　实木花格

有色玻璃　　　　　　　大花白大理石　　　　　　　　实木花格　壁纸

仿古砖　　　　　　　　　　　隔音板

柚木饰面板　　　　　　仿古砖

壁纸　　　　　　　　　　　　仿古砖

实木花格

玫瑰木饰面板　　　　玻化砖　　　　　　　　洞石

印花玻璃　　　　　　　　　　　　　　　　　　　　　米黄大理石　　　　　仿古砖

壁纸　　　　　　　　　　　　印花玻璃

实木栅格　　　　　　　　　　茶色玻璃

大花白大理石　　　　　　　　壁纸

玫瑰木饰面板　　　　　　　　　　　　仿古砖

白橡木金刚板   壁纸

仿古砖   泰柚木金刚板   印花茶色玻璃

米色大理石   玫瑰木金刚板

黑胡桃木饰面板   玻化砖

红樱桃木饰面板   壁纸

PVC板   洞石

仿古砖　　　　　　有色面漆　　　　　　银镜　　　　　　石膏板　　仿古砖

壁纸　　　　　　柚木金刚板

艺术贴纸　　　　　泰柚木金刚板　　　　青色玻璃　　　　　　PVC板

仿古砖

壁纸

PVC板

实木花格

仿古砖

仿古砖

实木花格

壁纸　　　　　　　　大花白大理石　　　　　　　　不锈钢饰边条

水曲柳饰面板　　　　　　　　壁纸

壁纸　　　　　　　　玫瑰木饰面板

艺术贴纸　　　　　　　　壁纸

黑镜　　　　　壁纸　　　　　大花白大理石

仿古砖　　　　　柚木金刚板　　　　　　　　　　　　　　　白橡木线条　　印花玻璃

壁纸　　　　　　　　　　　　绒面软包　　　　　实木花格　　　　　　泰柚木金刚板

有色玻璃　　　　　大花白大理石　　　　　仿古砖

仿古砖　　　实木花格　　　钢化玻璃　　　　　　啡网纹大理石

绒面软包　　　　　　玻化砖　　　　石膏板　　　　　　艺术贴纸

壁纸　　　　　　仿古砖　　　皮纹砖　白榉木金刚板

实木花格　　壁纸　　　　仿古砖　　　　　　壁纸

壁纸　　　　　　　　　　　　　大花白大理石

艺术贴纸　　泰柚木金刚板

实木花格　　　　　　　　　壁纸

玫瑰木金刚板　　　　　　　黑胡桃木饰面板　　　　　　　PVC板

钢化玻璃　　皮纹砖

壁纸　　　　玻化砖

灰镜　　　　仿古砖

泰柚木金刚板　　　　　　　大花白大理石

黑镜　　　　沙比利金刚板

短绒地毯　　　　　　　　　　　　　　PVC板

仿古砖　　玫瑰木金刚板　　　　　　　　　　　　　　壁纸

钢化玻璃　　　　　　　　仿古砖　　　钢化玻璃　　　　　　　白桦木金刚板

白桦木饰面板   黑镜

壁纸   仿古砖

透光板   青色玻璃

白桦木饰面板   壁纸   钢化玻璃

泰柚木金刚板 　　　　　　　　　　米色洞石

银镜 　　　　　　　　　　水曲柳饰面板

仿古砖 　　　　　　　　　　米黄大理石

印花玻璃 　　　　　　　　　　仿古砖

壁纸 　　　　　　　　玻化砖 　　　　　　　　PVC板

红樱桃木饰面板 　　　　　　　　　　　　　　　　壁纸

印花银镜　　　不锈钢饰边条

PVC板

大花白大理石　实木花格

柚木金刚板　　　　　　　　壁纸

实木栅格

荔枝木金刚板　　　　　　　　　　　仿古砖

亚麻壁纸　　　　　　　　　实木花格　　　　　壁纸　　　　　　　　　　　　　　灰镜

文化石　　　　　　　　　　　　　　　　　壁纸

白橡木金刚板　　　　　　　　石膏板　　　　　　实木花格

柚木金刚板　　　　　　实木栅格

壁纸

仿古砖　　　　　　　　壁纸　　印花黑镜　　仿古砖

仿古砖

有色面漆　　　　仿古砖

灰镜　　　　　　　　　PVC板

有色面漆　　　　　　　泰柚木金刚板

水曲柳金刚板　　　　　　黑胡桃木栅格

实木花格　　　　　　　　　　　　　　　铂金壁纸

大花白大理石　　　　　　壁纸　　　　　　壁纸　　仿古砖

PVC板　　　　　玻化砖　　　　　　银镜　　　米黄大理石　　仿古砖

沙比利金刚板　　　　实木花格

米色大理石　　　　　　PVC板

玫瑰木饰面板

灰镜

仿古砖　　　　紫檀木复合板

短绒地毯   仿古砖

白桦木金刚板   水曲柳复合板

大花白大理石   有色面漆   大花白大理石   黑镜

玻化砖   壁纸   仿古砖   PVC板

实木花格   仿古砖   米色大理石

洞石   PVC板   仿古砖

PVC板   壁纸

有色面漆   隔音板

柚木复合板   钢化玻璃   艺术贴纸   壁纸   大花白大理石

仿古砖

壁纸　　　　　白橡木金刚板　　　　　　泰柚木复合板　　　　仿古砖

实木栅格　　　　　　　　大花白大理石　　　　泰柚木金刚板　　艺术贴纸

仿古砖　　　　　　　壁纸　　　　　印花玻璃　　米色大理石

深啡网纹大理石　　仿古砖

印花玻璃　　　　　　　　有色面漆

壁纸　　　　　　　　　　　　实木花格

茶色玻璃　　皮纹砖　　　　　　　　壁纸

PVC板　　　　石膏板

PVC板

实木花格　　　　　　　　　　　　　　　仿古砖

红樱桃木金刚板

绒面软包　　　仿古砖　　　　　　　洞石

水曲柳金刚板　　　　　　　印花茶色玻璃　　　　　　　　　　　　实木花格

玫瑰木金刚板　　　　　　　实木花格　　　　　　PVC板　　　　　　　仿古砖　　壁纸

玻化砖　　　　黑镜　　壁纸

实木花格　　　　　　　刻字仿古砖　　　　　　壁纸　　　　　　大花白大理石